U0031679

Star

星出版

新觀點
新思維
新眼界

中谷彰宏 著
謝敏怡 譯

速

工作速度快的人，都是怎麼做事的？

仕事が速い人が
無意識にしている工夫

プレッシャーを楽しめる人が、
ストレスがなくなって
スピードが速くなる。
中谷彰宏

懂得享受意想不到樂趣的人，
做起事來不但不覺壓力，而且速度快。

中谷彰宏

這本書是為了這三種人寫的：

1. ——工作太忙，沒有私人時間的人。

2. ——工作內容常常突然改變，覺得壓力很大的人。

3. ——被上司耍得團團轉，時間被吃掉的人。

目錄

第一章

工作速度快，到底是怎麼一回事呢？

第二章

砍掉重練

第三章

跟著領先集團前進

第四章

孜孜不倦，勤勉不懈

第五章

動作快的人，懂得運用時間

推薦序

當下事當下完成，把固定的事情變簡單

鄭俊德

收到本書的推薦邀請，整本書《工作速度快的人，都是怎麼做事的？》，好像就是在說我一樣，因為我每天要完成的工作量頗大。我除了要經營百萬社群，另外有數十個社團，每天要發文、直播、審稿、拍片，還有大大小小的會議和課程要進行，外加老婆也有工作，所以家庭三餐多數也是我要烹煮給小孩吃。一些朋友很好奇我每天是怎麼度過的，在此分享我的兩個小方法。

①當下事當下完成。

如果一件事來到你面前，其實就是解決當下這件事，但如果臨時加入五件事到你面前，你會怎麼做呢？我的做法還是解決當下在做的這件事，因為在興頭上的事情，一旦停下，心頭掛念著，反而容易使其他工作無法做好。

當這件事情做完，才針對臨時加入的五件事情排工作順序，緊接著還是專注在一件事情上。

②把固定的事情變簡單。

我每天早上七點要發文，晚上九點有直播，這是固定的內容發布與拍攝。我讓固定工作有效率的做法就是：把工作流程拆解開來，看哪些部分可以簡化或外包。

例如，我每天的發文，會透過「閱讀人同學會」的讀友整理分享，抽空就搜集好文，讓我後續每天不需要花太多時間摘文。至於直播的做法則是模組化，先談書的簡介，再分享一個故事，邀請讀友討論，這就是一場直播的固定流程。

讀到這裡，如果你也希望讓自己的工作速度變快，其實有個簡單的做法，就是馬上買書、讀完它、實踐它。速度要變快，先從買書不猶豫開始。

（本文作者為「閱讀人」創辦人）

推薦序

懂得辨別最重要的事，做出正確選擇，就可以更快達到目標

Jenny Wang

曾經有人問股神巴菲特：如果人生重來一次，要怎麼讓自己過得更快樂？巴菲特回答：人生不能重來一次，但是想要變得更快樂，可以從現在開始，找到自己熱愛的事業，維持良好的健康與關係。只要你懂得辨別最重要的事，並且做出正確的選擇，就可以更快達到預定目標。

很多時候，我們想讓人生變得更好，讓每件事情按照預定方向，快速而順利地前進，並不是因為這件事情簡單、易執行，而是一旦你對這件事情抱持著熱情，自然會在執行的過程中，思考要如

何讓它變得更美好，更成功地呈現在眾人眼前。

投資這件事情也是一樣。每個人投入市場的原因都不一樣，或許一開始只是單純為了賺錢、累積退休金，但是在追尋目標的過程中，探索市場的隨機性，持續學習與研究帶來的充實感，以及驗證自己的假設實際帶來收穫的成就感，會讓投資不單純只是投資，而變成畢生志業。如同本書作者中谷彰宏所述，成長是加快更新自我的速度，並且享受意想不到的樂趣！

（本文作者為「JC財經觀點」版主）

前言

動作快的人，比做事只求正確的人更得人心

01

大家都希望工作要「又快又好」，這當中有兩項要素——「正確」與「快速」。

但是，要求「正確」，其實是矛盾的，因為在做事的當下，不會知道是否完全正確。

「那樣做是正確的」，是執行之後才知道的事，是結果論。

實際上，執行工作只分為「快」和「慢」而已。

職場上有兩種人：

①做事正確的人。

②做事快速的人。

正確但動作太慢的人所提出的企畫，會被淘汰。

比方說，作者向編輯提出出版計畫。

當編輯A在煩惱：「嗯……該怎麼做才好呢？」

編輯B馬上反應：「請讓我們出版！」

版權就被別人搶走了。

當下根本無法得知那本書究竟會不會大賣，決定的正確與否無從確定，但是速度快不快，馬上就知道了。

大部分的人會選擇速度，而非正確。

而且，速度快，還有時間可以修正。

結果就是，速度快的，比較正確。

「又慢又正確」是難以寄望的事。

簡單來說，人生只有分成「又快又正確」，以及「又慢又不正確」兩種選項而已。

讓你的工作速度變快

01

要求正確完美，不如先求快。

第一章

工作速度快，
到底是怎麼一回事呢？

02

想讓薪水漲兩倍，速度就要快兩倍

過去，如果想讓薪水漲兩倍，工作時間必須加長兩倍。

然而，在工作方式改革的現代，工作時間是別人兩倍的人，會成為公司的負擔，最後可能遭到裁員。

我們必須讓工作速度加快兩倍，把多出來的時間，拿去創造附加價值。

附加價值，是別人模仿不來的東西，創造出只有我才做得到、絕無僅有的東西。

大家都把「生產力」和「附加價值」混為一談，生產力和附加價值是兩回事。

提高生產力指的是，十個小時的工作，花五個小時就做完了；或是十個人的工作，五個人就完成了。

這些只不過是手段罷了，也就是改變做事的方法。

把時間全部花費在執行工作上，就沒有時間創造你獨特的附加價值。

因此，第一步就是，讓你現在的工作速度提高兩倍，然後把多出來的時間拿來投資自己，播下未來的希望種子。

播下未來的希望種子，就跟買樂透一樣，天天買樂透的人，每天都充滿希望。

如果你對職涯發展充滿希望，就不會對未來感到不安。

每天被工作追著跑，根本沒有閒暇時間去「買樂透」。

每天被工作追著跑，很容易心生不安。

消除不安的方法只有一個，那就是播下未來的希望種子。

不安是種難以言喻的感覺，無法說明清楚。

「我的未來會變成什麼樣子？」這種莫名的不安，最後會帶來對金錢的不安。

「這樣下去，被裁員的話，該怎麼辦？」

「老了之後，錢要從哪裡來？」

「突然病倒的話，又該怎麼辦？」

讓你的工作速度變快

02

把多出來的時間拿來投資自己，播下未來的希望種子。

03

能力的差異，可以靠速度扭轉

有些人會抱怨：「那是因為那個人的能力好」，或「那是因為那個人有才華。」

其實，有個方法可以扭轉劣勢，那就是速度。

我在幫週刊寫文章時，他們有兩項要求：

①什麼都要會寫。

②速度要快。

「文筆要好」，不在要求之中。

有些委託案，甚至是隔天早上七點就要交稿。

文章寫得再好，如果趕不上送印時間，也派不上用場。

週刊不會只拜託特定專業的人寫文章，因為週刊內容涵蓋各種領域。

無論是哪種領域，只要提供素材，就可以加工成可用文章的人，就能夠接到案子。

這跟寫作能力的好壞，一點關係也沒有，只要達到最低標準就可以了。

文章寫得再好，如果趕不上截稿時間，一點意義也沒有。這個重要的概念，適用於所有工作上。

更往上一點的層次，根本無關能力的好壞，因為大家的能力都很好，幾乎沒有多大差異。

想要成為廣告公司文案的人，本來就喜歡寫文章，就連新進員工，也可以巧妙運用文字，寫出有趣的文案。

「這篇文案看似平淡無奇，卻很巧妙」，「雖然沒有玩弄文字，也不會讓人覺得了無新意」，一看就可以感受到核心理念的文案，是已經獨當一面的證明。

賣弄文字技巧，很快就會膩了。

廣告文案必須具備的，不是當下的爆發力，而是可以通過時間的考驗，在任何地方都能夠使用的技巧和底蘊。

新人必須習慣廣告世界的快速步調，只要動作夠快，產量就會變多。

比起花費大量時間寫出好文案的人，可以快速想出文案的人，更容易獲得團隊青睞——「拜託那傢伙好了！」「你來幫忙一下。」

在大量寫作的過程中，你會愈來愈熟練，因此首要之務，就是速度要快。

沒有人會一開始就要求高端品質。

在電影《一屍到底》劇中，男主角是一名養不活自己的窮酸導演。

讓你的工作速度變快

03

別拿能力差異當作藉口。

電影裡有一幕是，有人用這樣一句話向製作人介紹男主角：

「他又快又便宜，品質普普通通。」

我覺得，這句話非常精闢，技術普普通通就夠了。

因為從客戶的角度來看，「又快」、「又便宜」，最讓人安心。

04

發揮創意，可以加快工作速度

工作就是發揮創意。

具體來說，發揮創意，就是想辦法加快工作速度。

對新人來說，就連影印資料，也有比較快速的方法。

比方說，紙張要怎麼擺才好，如果從最後一頁開始印，就不用重新整理順序等，有各種提高效率的做法。

乾淨整齊的影印方法、簡單易懂的影印方法等，工作了一陣子之後，就會發現各種訣竅。

當你不知道該如何在工作上發揮創意時，就思考看看如何加快工作速度。

讓你的工作速度變快

04

同樣的事情，要比昨天更快完成。

如果你的工作速度跟昨天的一樣，就表示這個方法無效。
一般公司的工作，不會有太劇烈的變化。
昨天、前天和三年前的今天，都是做著類似的工作。
老鳥也跟新人做著類似的工作。
差就差在如何在工作上發揮創意。
只要你做得好，不但能夠獲得好評，也能夠提升自己的幹勁。
結果就是，在工作上下工夫的人，工作速度愈來愈快；動作快的人，愈有時間發揮創意，創造出良性循環。

05 看著過去的人動作慢，放眼未來的人動作快

工作速度的快慢，從那個人的眼神就可以知道。

會說「過去上司是這樣教我的」、「我一直都是這麼做」的人，看的是「過去」。

工作速度快的人想的則是：「我未來想要變成這樣，所以我現在必須這麼做。」

我們無法同時盯著「過去」和「未來」兩邊看，要看哪一邊，必須由我們自己決定。

看著別人的過去評價他人的人，有個特徵。

他們常說：「某人過去是這樣，但是現在變得不一樣了呢。」「他過去是這樣」，根本是一句不必要的廢話，還擺出一副高高在上的姿態，自以為高人一等。

相反地，會說「做得真好，持續下去，一定會變得更好」的人，看的是「現在」和「未來」。

比較「過去」和「現在」，說「你進步了！」的人，是以一種上對下的角度來說話，認為別人低於自己。

這種人很多都不會持續成長，是被別人超越的一群。

他們自尊心高，討厭失敗，所以不喜歡嘗試。

在學生時代成績不錯的人，出社會後，很容易被別人超越，因為他們的腳步，始終停留在過去最好的時候。

讓你的工作速度變快

05

不要自以為比別人優越。

成長速度的差異只差在，你對每天的工作做了多少努力。最重要的是，要時時刻刻往前看。

06

餘裕，由速度而生

有些人會說：「我做事喜歡有餘裕，所以要慢慢來」，這句話其實是矛盾的。

加快速度，是為了創造餘裕。

速度加快了，才會有多餘的時間。

慢慢來，時間只會愈來愈少，失去餘裕。

舉個日常的小例子，有間餐廳上菜很慢，服務生上完菜後說：「請慢用。」

但客人算好時間，打算吃完飯，要去看電影。

菜那麼慢才送上來，可能來不及去看電影了。

這下子，電影票到底要不要取消呢？客人內心感到焦躁。

慢慢出菜，保有餘裕，是店家擅自的決定。

店家不該保有餘裕，因為慢慢來，無法創造餘裕。

「按照這個速度上菜，應該來得及去看電影」，讓客人安心，才是綽有餘裕。

餘裕，不是慢慢來。

交辦工作時，動作快的人，最讓人放心。

速度快，贏得信賴，這種人可以得到的機會最多。

讓你的工作速度變快

06

餘裕很重要，做事動作要快。

07 做筆記快速的人，行動也快

工作速度快和工作速度慢的人，從交辦事情時，做筆記的速度就可以知道。

拿出筆的速度、拿出記事本的速度、寫字的速度，決定了之後行動的速度。

對自己的記憶力有信心的人，會用大腦記，不會做筆記。

這樣的人在接受委託時，會回答：「好的，我知道了。」

但是，委託人心中卻想：「他真的知道嗎？」，不禁感到擔心。

做筆記，能讓客戶感到安心，讓對方覺得你真的知道了。

不做筆記，會讓對方覺得「剛才那件事，真的沒問題嗎？」，造成對方內心的負擔。

「工作速度快」等於「減輕對方的壓力」。

不做筆記的人，記憶力好。

但就算記憶力很好，寫下來絕對好處多多，因為做筆記可以減少犯錯。

就算出錯了，對方也不會因此生氣。不做筆記，一旦出錯了，對方就會氣你為什麼不記下來。

有做筆記習慣的人，能夠獲得機會。

加快做筆記的速度，也能夠加快工作速度。

讓你的工作速度變快

07

交辦事項馬上記下來。

08 放掉行不通的企畫，可以加快工作速度

動作慢的一部分原因，在於不肯放下。

「我的點子明明這麼好，為什麼過不了？」

堅持己見、不肯放下，一點好處也沒有，會拖慢速度。

當速度慢了下來，大家會更不想用那個點子。

所以，「這個怎麼樣呀？」「這個不行。」

如果點子被打槍，就認了，果斷放棄。

「這麼乾脆就放棄了啊？」

有時反而讓對方留下深刻印象。

「可是，我覺得這個點子很不錯啊！」

讓你的工作速度變快

08

要懂得放下，往前走。

緊抓著不放，對方也不會因此就接受。

這是做簡報時的技巧之一，面對上司、客戶、交易對象時，愈是緊抓著不放，愈容易遭到拒絕。

09

從遞名片的速度，可以知道這個人的見識有多廣

大家拿名片的速度都不同，但見識廣的人，拿名片的速度奇快無比。

當我說：「您好，請惠賜名片」時，有時會遇到口中說著：「奇怪？我記得我還有一張名片啊」，然後從塞滿其他人名片的名片夾中，抽出一張扭曲變形的名片，一邊凹折，一邊遞出名片的人。

從這點，就可以知道「這個人不夠專業」。

名片就跟槍一樣，當對方手放進口袋時，自己不先掏出來的話，就會中槍。

讓你的工作速度變快

09

練習快速遞出名片。

就算見識還不廣，也要練習如何快速遞出名片。

名片要放在名片夾的哪裡，交換到的名片要放到名片夾的什麼位置，交換名片的一連串動作，只要練習就可以熟能生巧。

女性大多把名片夾放在包包裡，但如果在包包裡翻來翻去尋找名片夾，會給人「這個人工作能力好像不大好？」的印象。「跟這個人一起工作，沒問題嗎？」，對方會感到不安。

就我的經驗法則來看，工作速度快的人，遞名片的速度也快。

小小一張名片，可能隱藏著你意想不到的損失。

工作能力再好，如果遞名片的速度慢，很可能會錯失機會。

10

動作迅速的人不常換氣，肺活量和速度成正比

我的母親是奧運游泳比賽項目的候補選手，所以她教我游泳時，非常斯巴達。

母親叫我「換氣要在水中進行，因為側面刻意抬頭換氣，會增加阻力，減慢速度。」

特訓還是在家庭旅遊時，白濱還是有馬溫泉的泳池裡。當小朋友套著泳圈玩水時，我在一旁接受母親的特訓。多虧母親的特訓，我因此學會自由式，而且不用刻意抬頭換氣。打水前進時，水面波動，在水浪落下時，會產生間隙。

讓你的工作速度變快

10 放輕鬆，有助於增加肺活量。

這時，只要露出一半的嘴巴，就可以趁機換氣。

每個游泳選手都這樣換氣。

游得慢的人，換氣次數多。

換氣次數多，講話速度、走路速度也慢。

這是肺活量的差異。

肺活量的大小，不是天生不變的，可以訓練。

肺活量小的人，身體很硬。

愈緊張，就愈容易聳肩，肺活量就會變小。

一次的呼吸愈短，速度就會愈慢，造成惡性循環。

想要加快速度，就必須讓身體放鬆，如此才能增加肺活量。

11

閉上嘴巴，速度就會變快

我們使用橫膈膜呼吸。

鼻子沒有肌肉，因此鼻孔再怎麼用力，也沒辦法吸氣。

橫膈膜就像幫浦，藉由上下運動，幫助我們吸進空氣。

橫膈膜由肌肉組成，鍛鍊橫膈膜，有助於我們用鼻子呼吸。

用鼻子呼吸時，吸氣必須用力，因此需要橫膈膜的力量。

用嘴巴呼吸時，橫膈膜不大需要上下運動，因此可以輕易吸入空氣。

閉著嘴巴的人，呼吸速度遠快於張嘴呼吸的人。

明明想用鼻子呼吸，但是很多人還是用嘴巴呼吸。

用嘴巴呼吸時，呼吸較淺，速度會變慢，工作速度也因此變慢。

用嘴巴呼吸的人，會讓人感覺不大聰明。

比方說堺雅人，他就是個口齒清晰、講話速度快的背臺詞高手。在電視劇《半澤直樹》裡，他有許多幕如連珠炮般咄咄逼人的場景，那不只是講得很快，還不換氣，因此很有說服力。

堺雅人總是閉著嘴巴，他用鼻子呼吸的技巧極佳，那也代表他的橫膈膜非常有力。

呼吸決定了節奏感，就跟游泳一樣，太頻繁換氣，會拖慢速度。

一個動作可以一氣呵成的人，一次的呼吸長。

工作速度快的人，肺活量也大。

讓你的工作速度變快

11

用鼻子呼吸。

肺活量大的人，能夠大量吐氣、大量吸氣。
肺活量是孕育自身體的力量，是身體帶出來的節奏感。

第二章

砍掉重練

12

一開始就全力衝刺，後面樂得輕鬆

所有工作都可以分成「開始」、「進行中」及「結束」三個階段，就跟暑假作業一樣。

一開始衝刺速度快的人，能夠取得勝利。

在暑假開始的第一天，就把作業全部寫完的人，工作速度也快。

工作速度慢的人，暑假作業很可能拖到最後一天才寫。

有些人可能不服氣，會說：「我是那種被逼到最後，潛力就會大爆發的人。暑假作業最後兩天再寫就可以了。」

但是，社會人士的工作，可不像小學生的暑假作業。

想用兩天時間把全部的工作做完，是不可能的。

讓你的工作速度變快

12 一開始就先全力衝刺，保留餘裕。

「我是那種被逼得愈緊，愈可以逼出潛力的人。」這種錯誤的認知，讓人在出社會以後，變成工作速度慢的人，連自律也做不到。

先一口氣把作業寫完，就可以悠哉悠哉過暑假。我是屬於那種剛放暑假，就會先把暑假作業寫完的人，因為我不想抱著「暑假作業還沒寫」的心情過暑假。

勝負關鍵，有時在一開始的衝刺就決定了。一開始就先全力衝刺，之後便遊刃有餘，隨機應變。

13

有效改變做事順序，速度就會變快

大部分的人都會按照一定順序做事，大家都不大喜歡改變做事順序。

改變做事順序，整體作業時間可能會變短或變長，不實際嘗試看看，沒有人知道結果如何。

「我以前都是這麼做的，所以現在也是這麼做。」會說這種話的人，很可能並不清楚自己為什麼要按照那個順序做。

別人怎麼說，他就怎麼做。

然而，改變過去的做事順序，結果有可能呈現一百八十度的大轉變。

我每年都會前往消防大學校，為全日本一千七百位未來的消防署長這類高階幹部培訓。

消防員的工作是滅火和救援，分秒必爭。

只要小隊長的動作慢，隊員的動作就會更慢，因此培育出反應快速的小隊長非常重要。

培訓時，我把八十人分成十個小組，請各組進行下列三項作業。

①改變桌子的排列方式。

②決定誰當組長。

③決定組名。

各組完成這三項工作之後，由組長向我報上組名。

我在第五組報上組名時喊停，十個小組當中，前面五組完成作業。

落後的五組，處於停滯的狀態。停滯的理由只有一個：決定不了由誰擔任組長。

「我來當組長好了」，這句話聽起來好自大，實在是說不出口。

但是，我的指示其實是有陷阱的。

①改變桌子的排列方式。

②決定誰當組長。

③決定組名。

像這樣指示三項作業，我們很容易把最困難的作業擺到最後。

其實，只要先決定好誰當組長，排桌子和組名馬上就可以決定好了。

當你的手上有好幾個習以為常的任務時，只要換個順序嘗試看看，或許就可以激發出新的構想。

「這個順序做起來比較快。」

「這個順序做起來比較慢。」

不妨調整一下，試試看不同的做法。
做事換個順序，保有彈性很重要。

讓你的工作速度變快

13

改變工作順序，試試看有沒有更快的方法。

14 犯錯愈多，成長速度愈快

動作快，很容易出錯，但也因此獲得修正的時間。

讓工作速度快的祕訣，就在於大量失敗、大量犯錯。

新人進公司之後，犯錯數量決定了他的成長速度。

製藥公司在研發新藥時，研發流程沒有特定邏輯可言，以量取勝。

就算研發過程遵照特定邏輯，也沒有人知道那個方法，到底能不能成功開發出有效的藥物。

製藥公司不斷進行併購，愈併愈大的原因很簡單。

研發新藥的概念就是，管他有沒有邏輯，總之製造出各種化合物，再看看這些化合物有何功效。

有時，成功研發出新藥的，是其他領域的研究團隊。像威而鋼，就是由心臟團隊開發出來的。

研究團隊意外發現，心臟藥的副作用具有勃起功效。他們一開始，並不是為了治療男性性功能障礙開發威爾鋼的。

若是其他團隊開發出的新藥，研發過程未必具有邏輯性。

聰明人不擅長「亂槍打鳥」，因為他們認為「不按照邏輯走，就會做白工。」

但是，在我們身處的多元時代，有邏輯也未必就會成功。

在進展緩慢的時代，邏輯趕得上社會變化。

在現在這樣快速變化的轉換期，邏輯已經追不上變化速度了。

能夠一次做十件事的時候，就不要一件一件做，而是一次嘗試十件。

這就跟播種是一樣的，你不知道播下的種子，什麼時候會發芽。

種子可能永遠都不會發芽。

也可能你在播完種，忘了有這回事的時候──「這裡好像長出什麼東西，這是什麼呢？想不起來了。」

自然突變的水果也是其中一例。

自然界有未經品種改良的水果，例如宮崎縣的柑橘「日向夏」就是自然突變。

日向夏並不是人工種植出來的，是天然芽變，被人偶然發現的。

工作也是一樣。

作家的生活主要是靠接案。

「請寫一本這樣的書。」

「嗯，好啊！」

如工匠般接案過生活。

接受別人的委託之後，自己的想法就會起化學反應，產生預期

之外的結果。

這就是團隊合作有趣的地方。

想要體驗個中滋味，就必須隨時做好準備，迎接挑戰。

讓你的工作速度變快

14

不要害怕，加快犯錯速度。

15

只改善一部分，不如整體改善來得快

中谷塾的學生最常問我這樣的問題：「我和中谷老師最大的不同在哪？」

我回答：「全部。」

這個時候會問「我該從哪裡改善比較好？」的人，是動作慢的人。

動作慢的人，喜歡一個一個改善。

因為他們覺得，改善一個，差不多可以改善一半了。

沒這回事，全部一起來才是正解。

想要一個一個來，是想要尋找有效率的方法。

但是，想要追求效率，會把時間花在尋找有效率的方法上，這

反而是最慢的。

不拘泥於思考效率的人，會把所有可能的方法都試過一次。

舉例而言，為了節省燃料、輕量化飛機時，必須減輕飛機所有部位的重量。

只減輕飛機最重的部位，是無法徹底實現輕量化的。

刪減經費也是一樣，從大筆的地方開始刪減的想法是不行的。要刪，就要全部過濾。

「刪十塊，一點意義也沒有。」

這句話是錯的。

這裡刪個十塊，一年幾萬塊，十年幾百萬，經營者必須做這樣的計算。

然後，一次從十個、一百個地方來刪減經費。

只想要改善一部分的人，思維類似「不過省個十塊而已！」

整體改善，對鍛鍊身體、改善工作與學習同樣有效。
結果就是，整體改善的方式最快。

讓你的工作速度變快

15

全面改善。

16 不執著於最初的點子，速度就會變快

創意發想速度慢，大多出現在最初點子行不通的時候。

要知道，沒有一次就行得通的點子，必須擁有這樣的心理預期。如此一來，當最初的點子被打槍時，就能夠果斷放棄，繼續前進。

「為什麼這個點子行不通？我的點子明明比其他人的都好。」執著於這樣的想法，只會拖慢下一步的行動。

像這個時候，只要果斷放棄，「再想想其他不一樣的點子吧」，把失敗當作另闢新徑的契機。

動作最慢的，就是試圖在自己和對方之間拔河，尋找折中方案、歹戲拖棚的人。

讓你的工作速度變快

16

果斷放棄，想想其他更有趣的點子。

這是我在廣告代理商時期，學到的最重要觀念。

行不通就算了，重新來過就好。

談戀愛也是一樣。

我在高中的初戀經驗中，學到這個道理。

行不通就是行不通，繼續追求只是被討厭而已，青春期最好要學會這個道理。

17 追求便利，速度就慢；肯下工夫，速度就快

「追求便利」是被動的，「肯下工夫」是主動的。「追求便利」和「肯下工夫」完全相反。

社會變得愈來愈便利，現在是在網路上購物，快的話幾個小時就會送到的時代。

以前在電器行買東西，店員說：「冰箱三天後會送到」，客人一點也不會不高興。

最近，客訴「三天後到貨」的客人增加了不少。

「什麼？為什麼不是明天到貨？在亞馬遜上網購的話，明天就會到耶。」

當到貨速度快的賣家愈來愈多，快速到貨就被大家視為理所當然。

人們容易感到焦躁，是便利性社會的特徵。

這樣的便利性，一部分是亞馬遜創造出來的。

當生活變得愈來愈便利，很多時候我們愈來愈不需要下工夫，結果就是容易感到焦躁，速度變慢。

心煩氣躁，速度不會有多快。

時間平白損耗，大多是感到焦躁的時候。

焦躁，很容易讓人做出錯誤的判斷。

焦躁的時候，很容易因為心急，無法做出正確的判斷。

資訊化社會就是便利性社會。

當社會的便利性愈高，我們愈要思考，什麼地方必須自己下工夫。

生活中的諸多不便，能夠催生創意點子。

例如，輕便攀登高峰，根本不可能。登山多數一點也不方便。

讓你的工作速度變快

17

追求便利，不如多下點工夫。

正因為不方便，所以才會產生各種創意點子。

如果電腦突然壞了，我也可以馬上換成手寫。

我出身於用手寫書的世代，能夠用手寫出一整本書。

現在習慣電腦作業的人，可能連一封信都無法用手寫完。

習慣便利、快速的生活後，自己反而無法駕馭那個速度。

身處於不方便的環境，能夠提升創意發想的能力。

過度依賴便利性，會讓自己成為沒用的人，而且速度會變慢。

18 平時收集情報、累積資料庫，就能加快速度

工作速度快的人，不是做完上司交辦的事情，工作就結束了。他們會以此為契機，調查其他在意的事情。即便這麼做，上司並不會特別開心。

在我還是上班族時，有一天上司交代：「你去找張蒲公英的白色冠毛隨風飛散的照片。」

我就跑去離公司最近的書店——八重洲書店找照片。

我把書店的攝影集全都翻遍了，就是找不到我要的照片。

但是，那次的經驗很受用，成了我的資料庫的一部分。

下次別人請我去找某張照片時，我馬上就能夠行動。

「上次去那裡找蒲公英照片時，好像看過這個東西。」

平時就可以收集情報、累積經驗，建立資料庫。

有些消防員會在休假日開車到處逛。

「塞車時，從這條支線道走比較快」，或「消防車應該可以走這條路」等，平時就在收集對工作有用的情報。

為了強化自己的資料庫，特地在休假日開車在路上繞來繞去。明明不需要那麼做，但他們認為多做點準備，以備不時之需。消防車快十秒抵達現場或姍姍來遲，對救災活動會有非常大的影響。

「這裡有捷徑，可以從這裡走！」

有些人平時就在收集情報，有些人則是沒有。

平時就在收集情報的人，在消防車執行任務時，能夠認出導航上沒有的捷徑，用更快的速度抵達現場。

如此一來，不僅加快速度，還能夠提升自己的幹勁。
結果就是：「幹勁提升」↓「速度提升」，創造出良性循環。

讓你的工作速度變快

18

平時就累積資料庫，以備不時之需。

19

東西減少，速度就能變快

老是說「沒時間」的人，共通點就是東西很多。

攜帶行李箱和大背包的人愈來愈多，在人手一機的數位化時代，東西應該是愈來愈少才對，卻有愈來愈多的人帶著大背包和行李箱移動。

並不是行李突然增加，而是不需要的東西愈來愈多。

身為商務人士，東西卻一大堆，由此可以推測，「這個人工作不會多麼俐落。」

減少東西，結果就是速度加快。

旅行高手的行李少。

旅行高手，很多都是動作快、效率高。

行李少，抵達機場後，馬上就可以去搭機場巴士。

攜帶大件行李的人，因為沒辦法帶上飛機，必須託運。到了目的地機場後，必須到行李轉盤等待領行李。

一有拖延，很容易就會趕不上接駁巴士，產生惡性循環。

而且，當大家都開始行動時，卻必須先找置物櫃。

不但花時間，還給大家添麻煩。

造成的麻煩太多，大家下次就不會約這種人一起出去玩了。

只是這樣，就讓人失去機會了。

經常旅行的人，攜帶的行李大多是最小限度，能簡即簡。當地買得到的東西，就不會帶去。

南極探險家的行李，是放在雪橇上給極地犬拉，自己幾乎沒什麼行李，而且行李有一半是餵極地犬的狗食。

東西少、能夠快速反應，是探險家極地生存的關鍵，所以必須把行李減到最少。

對當今的商務人士來說，也是同樣的道理。

工作速度快，就是動作快、效率高。

動作快慢和效率高低，與行李重量成反比。

飛機載重量只要減輕一公斤，燃料費就能夠減少。

同樣的道理，適用於人的行動上。

行李一多，光是想「不知道有沒有置物櫃？」、「帶這個爬樓梯好麻煩啊！」，就會拉低自己的幹勁。

讓你的工作速度變快

19

減少物品量。

20 可以沮喪難過，但是要盡快打起精神

沒有人從未沮喪過，大家都有沮喪難過的經驗，但是走出來的速度卻大不相同。

大哭大笑的人，重新站起來的速度快，沮喪的時間短。

上司斥責部屬，部屬感到沮喪。

能夠快速從沮喪的情緒走出來的人，下次上司也願意指導。

上司其實不是斥責，而是指導。

「這樣做比較好喔。不這樣做，會多走冤枉路，是你的損失。」

只不過唸了幾句，隔天就請假不上班的人，很難繼續指導。

「昨天那樣，還好嗎？」

讓你的工作速度變快

20

大哭大笑也無妨，保有心理彈性。

回答「什麼？怎麼了嗎？」的人，會讓人願意繼續給予意見。
長期累積下來的差異非常大。
「大哭大笑」的速度感很重要。

21

找到合適的商量對象，速度就能變快

「我遇到了這樣的問題」，我們必須要有隨時可以商量的對象。

有合適對象可以商量，發生問題時，也不會因為不知所措而延宕或錯失良機。

找願意立即回應的人商量，「那件事，這樣做不就行了？」，一點壓力也沒有。

速度也不會因此遲滯。

身邊是否有可以商量的對象，會讓那個人的速度感不同。

當你不知道該怎麼做決定時，馬上找合適的人商量，壓力就會變小一點。

讓你的工作速度變快

21 知道找誰商量。

總是自己埋頭苦幹的人，速度最慢。

他們認為「資優生拜託別人就輸了」，所以無法打開心找人商量。愈是傳統典範的資優生，速度可能愈慢。

沒有資優生包袱的人，從以前就很常找人商量，他們喜歡找人討論事情。

「說開了之後，也不會被認為是沒用的人，遭到輕視或疏離。」只要能夠感到安心，就能夠找人商量。

22 不阻礙別人，就能提升自己的速度

阻礙別人，自己的速度不可能快。所以，當雙方利益起衝突時，不要相互爭奪。

你想從對方的面前通過，對方也想從你的面前通過，這樣彼此就會撞上。

換個角度想，只要你從對方的後面通過，對方就會從你的前面通過，彼此順利前進。

想要加快速度，就得讓對方加快速度。

這就是不阻礙彼此動線的方法。

此外，你要有能夠察覺自己現在阻礙動線的感知能力。

比方說，介紹時，站在客人的前方說：「這邊請。」動線感，就是那個人的身體感覺，也是速度的感覺。

一心急著自己先往前走的人，經常會阻礙到別人的動線。

說「你先請」，就是把動線讓給對方。

有事找上司商量的時候也是一樣，不妨先把機會讓給其他同事。那樣做，你的速度可能反而比較快。

工作速度快的人，平常就是個貼心的人，經常把動線讓給同事和上司。

讓你的工作速度變快

22

不要阻礙動線。

23 壓力減少，速度就快；速度愈快，壓力愈少

壓力和速度是連動的。

累積太多壓力，速度就慢，工作做不好，壓力就會愈來愈大，產生惡性循環。

跟上司溝通不良時，就這麼想：「跟上司的溝通，恐怕只能做到這個程度吧。既然如此，就趁機向上管理。」

不要認為上司是阻礙，而是把自己當作行動主體，反過來教育上司和客戶。

或許，你會發現「最近，可以溝通到這個程度了呢。」

絕對不要認為自己是社畜，是公司的奴隸。

工作時，一定會遇到被上司嚴厲指責、要求不合理的情況，感覺壓力山大。

但是，上司其實也不過是個上班族而已。

不是神，也不是你的父母。

記得上司也是上班族這點，是部屬該做的事。

就算不是自己的錯也低頭，有時不必強爭一口氣，以退為進，留意各種細節，畢竟上司也是好不容易才爬到現在這個位置的。

不要讓上司過去的努力白費，上班族已經很可憐了，就不要再為難他了。

此外，挑戰新事物時，一定會伴隨著壓力。

壓力有時並不會馬上出現，是在開始喊出口以後才出現。

只要在開始喊出口之前，動手做下去，就不會被壓力綁架，動彈不得。

一開始，我們可能不會感覺到緊張。

很多時候，緊張是實際做了或參與之後，才會湧現的情緒。

一旦緊張了，很容易就會覺得自己做不到。

「嗯……」，冷靜下來慢慢思考，有時就會突然開始緊張起來，東想西想。

很多時候，只要一停下來，就做不到了。

心跳加速，開始緊張了以後，就不行了。

如果你是這樣的人，一定要在緊張的感覺出現之前，動手做下去。

先幫工作定個截止日期，讓自己被期限追著跑，也是一種方法。

這樣能讓大腦不得不開始思考點子，「這樣做好了！」，快速找出方法。

讓你的工作速度變快

23

快點動手做。

第三章

跟著領先集團前進

24

決斷，就是馬上做決定

工作速度慢的人，常常以為決斷指的是「下定決心做決定」。

所以，他們的動作才那麼慢。

對工作速度快的人來說，決斷就是「現在立刻做決定」。

做決定之前，不需要先「下定決心」。

「明天做決斷」，這句話本身就很矛盾。

明天再做決斷，太慢了。

決斷的次數，決定了可以抓住多少機會。

現在就立刻做決定，能夠開拓未來。

可能有人會問：「現在，到底是多快？」

局了。

「現在」是指○・一秒。

比方說，有個你一直都很想見的人，來約你吃飯。

在這個時候說：「請稍等一下」，打開行事曆確認的那一刻就出局了。

對方可能會覺得，「有空才願意來喔？既然這樣，沒約成也罷。」

重點在於「馬上回答」。

先說「好啊！」，再視情況調整行程就好了。

「有空才去」的態度，一點都不會讓人高興。

「如果已經有其他安排，不能去的話，會造成對方的困擾，所以要先確認行程。」

這種想法其實是在保護自己，並不是真的站在對方的角度思考。

「我很想去，請讓我確認一下行程」，這句話其實是矛盾的。

明明「很想去」，為什麼還要先確認行程？

讓你的工作速度變快

24

現在，就做決定，別再拖延。

工作速度快的人，就算已經有其他安排，因為是「很想去」，或是「很想見的人」，也會馬上回答「好啊！」，因為這種機會可能不會再有第二次。

對方會從這個人是否馬上答應來判斷。

動作快集團和動作慢集團，兩者的思維很不同。

25

在決定工作細項之前，先定下截止期限

工作速度快的人，總是先把截止期限定下來。先把截止期限定下來，再來決定執行細節。

工作速度慢的人，會先試著決定要做什麼，才定下截止期限。先決定好要做什麼，才把截止期限定下來，很容易減慢速度。速度，就是熱忱，展現出動機。

有編輯想要找我合作時，我會以有幹勁的人為優先。「我們已經決定好上市日期了。反推回去，必須在〇〇天前完稿。我們來做什麼書好呢？」

我會優先選擇跟這樣的人合作。

決定好企畫，通過社內審核才來問的人，「我已經有其他的工作安排了，我們下次再合作吧！」，優先順序很容易被排到後面去。

同時有兩個人來拜託時，先把機會給動作快的人，是人之常情。優先順序被排到後面的人，就連自己被踢到後面了也渾然不知，這才是最可怕的地方。

「慘了！我被踢到後面了。這個做法可能很糟。我得讓速度加快，設法改善才行。」

會這樣想的人，還算好的。

大部分的人，即使優先順序被排到後面了也毫無自覺，反而找理由說服自己，「也只能這樣了，沒想到這麼花時間耶。」

沒禮貌的奧客，會被店家貼上標籤，不會優先處理。

不優先處理的下一個階段，就是被列入黑名單。

很多人完全感覺不到這些。

讓你的工作速度變快

25 先設定截止期限。

有些人給人感覺很友善，所以明明比較晚才到，卻可以比較早獲得服務。

當事人可能不知道自己比其他人先獲得服務。

禮貌，是為了提升速度而存在的。

沒禮貌，優先順序就會被排到後面。

以為禮貌很麻煩、很花時間，其實是錯的。

有禮貌，優先順序不會被排到後面，速度只會愈來愈快。

26 沒有明確時間的約定，不是約定

約人的時候，最糟糕的就是沒有約好明確的時間。**「之後再約喔！」，這是最容易錯失機會的約人方式**。

真心想要約人的話，就必須說個具體時間，例如「下週〇號可以嗎？」

如果你不想再跟這個人見面，對方說：「我們下次再去喝一杯」，你大可不必擔心，因為「下次」可能永遠不會到來，你或許不必再跟這個人往來。

如果你真的很想約對方，一定要馬上定一個可以的時間。

「你〇號有空嗎？」

否則，很多時候都只是說說而已。

如果對方說「下次再約」，有時可以直接解讀為「不用再見面了。」

「之前某某人說：『之後我們一起去吃個飯吧！』，可是一直沒有聯絡我，他可能太忙了吧。」

會這樣想的人，危機意識不夠，不諳事務。

工作速度快的人，真心想約人的話，當場就會問「你〇號有空嗎？」，馬上就把時間定下來。

熱忱，能讓場面話成真，不再只是場面話。

工作速度慢的人，往往不夠積極，沒有足夠熱忱。

「他說下次再約，可能滿中意我的。」

讓你的工作速度變快

26

想約人，就把時間定下來。

當對方說「下次再約」時，先別沾沾自喜。

因為很多時候，「下次見」可能就是「被刷掉」的意思。

27 不要說「那天不行」，要說「幾點可以」

當對方說：「我們下次一起去吃個飯吧！」

如果你有心要去，就問：「那我們可以約個明確的日子嗎？」，不讓邀約淪為場面話。

若對方問：「你○號有空嗎？」

你卻回答：「對不起，我那天有工作」，遊戲就結束了。

約時間，不是只約哪一天，還要約明確幾點。

例如，「不好意思，如果約晚一點也可以的話，我○點之後可以。」

因為一旦你說「這天不行」，就會變成那一整天都不行。

預約餐廳也是一樣。

讓你的工作速度變快

27

約時間要約幾點，不是幾號而已。

當你問：「〇月〇日還有空位嗎？」，有些店員會說：「那天都預約滿了」，馬上拒絕。其實，你還沒說你幾點會去。

如果你說：「我只要一個小時，六點到七點，吃完就走」，不會影響其他客人七點半的預約，可能就能預約到位子了。

直接回答「今天預約滿了」的人，對時間的感覺比較慢，覺得一個用餐時段只翻一兩次桌。

所以，當對方說：「我那天有其他的約了」，你就繼續問：「晚一點也沒關係」，「那我們約〇點好了」，這樣就可以約成了。

「我們約早上如何？」，你也可以約早一點的時間。

不用日期，而用時間思考的人，比較能夠抓住機會。

28 沒有立刻獲得回覆，可以先解釋為拒絕

別人問你：「要不要一起去？」，你沒有立刻回覆邀約，就會被當作拒絕。

不需要明確拒絕，因為不馬上答覆，就是拒絕。

明明想去，卻沒有馬上回覆，對方就會當作拒絕。

比方說，在餐廳吃飯時，有人問：「有人想吃這個嗎？」沒有馬上回覆，就會被認為「不要」。

重點是：我們必須跟上節奏感。

就跟爵士樂一樣，貝斯也有各式各樣的節奏。

問題在於，能不能跟上領先集團的節奏。

讓你的工作速度變快

28

立刻答覆。

節奏感差的人，動作不可能快到哪裡去，大多動作緩慢。
跳不進大跳繩的人，是因為害怕而慢了一拍。
跳太高的人，也會被跳繩絆倒。
因為跳太高，落地時間長。
不怕大跳繩的人，可以輕鬆跳進來。
甚至可以一邊讀報紙，一邊跳繩。
或是牽著狗散步，直接穿越過去，狗也不會被跳繩絆倒。
玩大跳繩，跟著前面的人的節奏跳進去就對了。
不要害怕快。

29

太客氣，速度就會變慢。去餐廳吃飯，第一個點餐的人，做什麼事都快

道德感太強的人，工作速度較慢。

道德感愈強的人，愈抓不住機會，這是令人悲傷的事實。

談戀愛的時候也一樣，道德感太強的人很無趣，沒人想跟他們交往。

「我覺得那樣很沒道德」，會講這種話的人是好人，但很多人不想跟這種人交往或一起工作。

話雖如此，我不是叫大家去幹壞事，請千萬別誤解我的意思。

「客氣」在道德上是正確的，很多時候卻會帶來拖慢速度的負面

影響。

當一流的人約你吃飯，你卻說：「這樣好嗎？」，就出局了。

對方可能會說：「不來也沒關係。」

一流的人不講場面話。

回覆問題不是為了確認對方的意思，而是向對方表達你很高興。

這個時候表現得太過客氣、拘泥於禮數，實在沒有必要。

讓你的工作速度變快

29

有時不用太客氣。

30 別人介紹好店給你時，馬上就預約

當一流的人說：「這間店不錯，你可以去看看。」

工作速度慢的人會說：「謝謝您特地介紹這間店給我，我下次一定去看看。」

工作速度快的人則是「我預約好了！」，當場就預約了。

關鍵是，說「我下次一定去看看」的A，跟說「我預約好了！」的B，對方會比較喜歡哪一個？

沒見識過當場預約的人，會以為自己說「我下次一定去看看」的速度最快。

其實，在介紹者面前預約的人，給人的印象比較好。

讓你的工作速度變快

30 別人推薦的書，馬上就買起來。

我跟經營者一起聊天時，說到「某本書很有趣」，大家都會馬上購買，沒人說：「我一定會買來看看。」

現代科技發達，買東西不再是「我回家時，再繞去書店看看」這種慢慢來的層次。在我面前上網訂書的人，我就會「啊！這本也很不錯」，想要介紹更多好書給對方。

一流的人就連感謝信來得也快。

「收到書之後，我馬上就讀了。非常有趣！謝謝你的介紹，之後也請介紹其他好書給我。」

文末會順帶一提，「這本書也很有趣，你有空可以看看」，建立起有來有往的人脈網絡。

31

不要坐著談事情，速度就會變快

只要不坐著談事情，速度就快，任何事情都是如此。坐下來，速度就慢。

某位公司經營者跟我說：「中谷先生，我有事想跟你談談。可以請你過來這裡坐嗎？」

我問他：「不方便站著談嗎？」

他說：「沒辦法耶，這件事站著談說不清楚」，我便狐疑地坐了下來。

談完之後，我發現這件事可以站著談也沒有問題。

我建議他：「身為經營者，你今後不站著跟人談話，會失去機會。」

因為對方可能會覺得「坐著談話是損失」。

坐著談，講話速度就慢。

想要事業有成，就必須抓住忙碌的人的注意力。

比自己還上位的人，是比自己還忙碌的人。

如果對忙碌的人說：「可以跟您坐下來談嗎？」很多時候，他們可能會回：「我現在沒時間，要坐下來談的話，下次再約時間。」

「那我們之後再約。」

雙方握手結束，你也錯失了重要的機會。

因此，為了不要錯失寶貴的機會，要學會站著談事情的本領。

此外，很多場合也不需要問對方：「需要幫您倒杯茶嗎？」

我對開會倒茶的文化，非常反感。

因為等茶送上來，根本是在浪費時間。

工作速度快的人，在茶送上來之前，話就談完了。**不先掌握住機會，站著把事情談好，是不可能有機會坐著談話的。**只要讓人覺得「這件事情，根本不需要坐著慢慢談」，下次對方很可能就會說：「我有急事要先忙，下次我們再好好談談」，而錯失機會。

脫大衣，也是在浪費時間。

工作速度快的人，不會抱怨：「穿著大衣很沒禮貌，請你脫掉」，注重的禮儀和工作速度慢的人很不一樣。

在國外，進到拜訪對象的家中，不會主動脫大衣。因為主動脫大衣，代表「會長時間待著」，反而失禮了。

進到玄關後，等主人說：「請脫大衣」，再脫大衣，才符合禮節。在主人開口之前就先脫大衣，會讓人覺得「你是打算待很長的時間嗎？」，不符合禮節。
進門脫大衣，是日本的風俗習慣而已。

讓你的工作速度變快

31

很多時候，可以站著談事情，不一定要坐下來。

32 收入和速度成正比

有人問我：「該怎麼做，才能讓收入增加？」

答案就是：加快速度。

動作快的人，工作委託和潛在雇主自動會找上門。

大家對工作能力的要求不盡相同，但工作效率是最明顯的。

「你明天可以交多少個字？」

「你有辦法做這個嗎？是急件。」

關鍵在於，突然有委託或改變時，能夠應對到什麼程度。

各種機會都建立在「速度」之上。

當我還在綜合出版社小學館負責寫手工作，有天準備回家的時候，在電梯前被叫住：「太好了！中谷你還沒走，這個有點急，可以麻煩你寫這篇文章嗎？」

工作是連續的，一件接著一件來。

機會不是準備好了才來，遇到「怎麼這麼急」的委託時，能否抓住機會很重要。

只要能夠擠進一號代打就可以了，一號代打是必須臨時上場也沒有問題的人。

不需要成為固定班底，而是成為「之後若有任何問題，都可以找我」，令人安心的存在。

舉例而言，某位德高望重的老師，因為年事已高，突然身體不適，無法登臺演講。

當主辦人員來拜託你：「演講是後天舉行，沒問題吧？」

絕對不可以回答：「你應該早一點跟我說，我需要時間準備。」

要回答：「沒問題，題目是什麼？好的。沒問題，我知道了！」

要展現出隨時都可以應付自如的姿態，與對方建立起信賴關係。平常就擴大自己的守備範圍，就可以增加收入來源。

收入不是光靠自己努力就可以增加的，是由別人對我們的評價所決定的。

不過，工作速度和效率，可以靠自己努力提升。

讓你的工作速度變快

32

想提高收入，先提升速度。

33

一流的人記得是誰問問題

問問題，可以為自己帶來好處。

大家都會擔心，「問這種問題，會不會太笨了？」

完全沒那回事。

比起送伴手禮的人，一流的人更會記得問問題的人。

只想要別人幫自己做事的人，是二流的人。

認識那種人，沒有意義。

一流的人總是想著如何幫助別人。

所以，他們不會覺得，「回答那種問題，一點意義也沒有。」

提問，必須先找出問題，那是主動積極的行為。

讓你的工作速度變快

33

與其贈禮，不如提問。

與人見面時，若不趁機主動提問、釐清問題，就是白費機會。

帶伴手禮比自己思考問題輕鬆。

34

一流和二流的標準速度不同

明星高中的學生，對準備考試的學習標準，跟一般人的不大一樣。

當錄取東京大學的大本營——灘高校或開成高校的學生被問：「你都是怎麼準備考試的？有特別準備什麼嗎？」

很多都會回答：「我就準備我應該念的東西。」

這個時候，請不要以為「他們沒有特別準備什麼」。

因為他們在休息時間，聊的都是數學奧林匹克的話題，或是比學校課業更高層次的東西。

他們認為的「理所當然」，跟一般人認為的程度實在差太多了。

當別人說：「我就做好我應該做的事」，請不要以為內容層級跟你想的一樣。

問身材一直保持得很好的人：「你有在控制飲食嗎？」

對方回答：「沒有特別耶。」

但其實對方重視運動、飲食、睡眠，嚴格管理自己的生活。

一流的人認為的「理所當然」，比二流的人所想的等級來得高。這部分請別混淆。

工作速度快的人，點餐速度也快，畢竟點餐也是日常生活的一部分，我們卻常遺漏這樣的細節。

效法一流的人時，不能只看他們工作時的一面。

廣告代理商是師徒制，我的師傅是藤井達朗。

跟上司部屬的關係不同，師徒制最棒的地方在於，可以看到師傅日常生活的全部面貌。

師傅講電話的方式、搭計程車的方式、在走廊上走路的方式，這些東西二十四小時跟在身邊，通通看得到。

跟在師傅身邊，能夠學到師傅等級的「理所當然」的標準和思維。

雖然師徒制必須隨時跟在師傅身邊，這種緊密關係很累人。

但是，「師傅在坐計程車的時候，都在看些什麼東西呢？」

觀察師傅工作時和私下的面貌，可以從中學到很多。

想要提升自己的速度，重點不在提升速度的極限，而在提升整體的標準速度。

讓你的工作速度變快

34

提升你的標準速度。

35

身處慢速集團，很累人；身處快速集團，不累人

日本於明治維新，從西方引進了理性主義和快速改革。日本動作慢的原因在於，鎖國讓日本習慣了緩慢。在日本鎖國的期間，西方發生工業革命，以飛快速度進步。工業革命使農業社會轉型為工業社會，改革速度之快，對社會帶來了極大的影響。

現代資訊革命的速度，比工業革命時期的工業化社會還快。用鎖國時期的速度運作，完全跟不上變化。

之所以察覺不到自己的動作慢，是因為周遭人的動作也很慢。以為自己的速度還行，其實所屬集團整體的速度本身就慢。

在周遭動作都慢的環境中努力，想動又動不起來，只會充滿壓力，讓人喘不過氣來。

若身處於領先集團，只要配合大家的節奏就好，速度自然就會變快，沒有壓力。

和領先集團相比，身處落後集團的壓力比較大。

想要加快速度，就要多多接觸速度快的人，把自己打醒，就能發現自己的速度有多慢。

親眼目睹過專業人士的快速，就會清醒，「原來可以這麼快！」

在打擊練習場，有人的球速是一百二十公里，有人的球速是七十公里，兩者差很大。

不見識一下什麼叫速度快，根本察覺不到自己的動作有多慢。

讓你的工作速度變快

35

見識一下什麼是真正的動作快。

36 時間，就是餘命

跟別人約好時間，自己卻遲到，就是在剝奪對方的餘命。

自己和對方的生命同等重要。

拖拖拉拉、沒有效率，就是在浪費彼此的生命。

浪費對方十分鐘，可能會害對方失去見父母或家人最後一面的機會。

十分鐘，就是如此寶貴。

只要意識到十分鐘的重要性就對了。

有人可能會說：「只不過是遲到個一分鐘而已。」

但是，自己遲到一分鐘，跟對方遲到一分鐘是不一樣的。

讓你的工作速度變快

36

注意時間，重視自己和對方的生命。

遲到一分鐘，重要的大客戶可能就回去了。

遲到一分鐘，中午吃飯時，餐廳可能就沒有位子了。

遲到一分鐘，可能因為沒搭上飛機，遲到了一個小時以上。

對於時間，我們必須小心謹慎，重視每一分每一秒。

第四章

孜孜不倦，勤勉不懈

37

勝負在開始前，就已經決定好了

一日之計「不」在於晨。

前一晚做好準備，隔天早上有突發狀況，也能夠馬上應對。

工作速度慢的人，總是想著「好，等等正式上場時定勝負，要加油！」

其實，很多時候，在正式上場時，勝負已定。

正式上場前的準備，決定了勝負。

我們必須意識到「勝負在開始之前，就決定好了。」

有效預設各種狀況，做好準備。

當然，也有做白工的時候。

請不要害怕做白工。
這些「做白工」的經驗，將來一定派得上用場。

讓你的工作速度變快

37

一日之計在於前一晚。

38

改變時鐘的位置，可以加快速度

只要改變家裡或辦公地點的時鐘位置，動作就會變快。

我到了飯店之後，會把床頭鐘從床邊移到洗臉盆旁邊。房裡的電視會顯示時間，所以也看得見時間。

忙碌的時候，勝負關鍵就在早上的梳洗時間。如果沒有時鐘，很容易就會遲到。

我們不知道何時會靈光一閃。

當靈感來了，很容易沉浸於思考中，失去時間知覺。

因此，在刷完牙、淋浴之後，若能確認一下時間，後面的流程就會比較順暢。

把時鐘放在洗臉盆旁邊，半夜起床上廁所時，也能知道自己還可以再睡幾個小時。

如果把時鐘放在床頭，燈一關掉，有些會看不到時間。

工作時也是，如果坐在可以看得見時間的位置，就能掌握整體的時間分配。

與人會面時，如果坐的位置看不到時間會很吃虧。

現在很多人外出都不戴手錶，大家都用手機看時間。

但是，在工作時，無論是看手錶或手機，可能都會讓人留下不好的印象。

因為看時間的動作，一部分就代表感覺無聊。

此外，在家裡各個定點擺放時鐘，有助於安心。

不過，要注意，時鐘是擺來看的。

只要按照時間按部就班進行，就不會遲到。
經常注意時間，不要失禮很重要。

讓你的工作速度變快

38

把時鐘放在容易看見的地方。

39 早點睡，能讓時間變多

想讓時間變多一點，該怎麼做才好呢？

很簡單，早點睡就對了。

說自己沒時間，卻工作到半夜，這是本末倒置。

半夜不睡覺，工作效率反而差。

大腦注意力的高低，會讓工作效率有截然不同的結果。

最可怕的就是，沒察覺到睡眠不足是自己生產力低落的原因。

睡眠不足，就跟喝醉酒是一樣的。

喝醉酒的人容易跟人吵架，是因為大腦無法思考，想不到其他的可能性。

例如，居酒屋店員告知：「我們要休息了」，此時強硬回答：「老子就是要喝一杯！」，很容易就會吵起來。

這是因為大腦一時想不到其他的可能性，例如：「沒辦法，去別家店繼續喝好了。」

其他的可能性，就是正向、下一階段的B方案。

容易跟人吵架，就是因為想不到正向的B方案。

由於想不到正向的替代方案，很容易就會變成「那該怎麼辦才好？」，躊躇不決，施展不開。

這種狀況，有時是因為睡眠不足造成的。

睡眠不足，可能會讓機會溜走。

準備大學考試也是一樣，考上第一志願的學生，很多都很早睡。

「那個人一定很會讀書」，這樣解釋是武斷的。

有人說：「我拚到半夜，成果卻不怎麼樣。」

這其實很有道理。

因為熬夜會讓人陷入惡性循環：「熬夜」→「大腦無法思考」→「效率低落」→「愈來愈晚睡」。

但我也不是叫大家「要早點起床」。

因為早睡，自然就會早起。

決定要早起的人，工作到半夜，然後隔天很早起床。

結果，早起削減了睡眠時間。

這種早起，只會讓人哈欠不斷。

另一方面，早睡的人，自然早起，一起床，大腦馬上就可以火力全開。

讓你的工作速度變快

39

早點睡。

其實，公司的經營者，很多也都很早睡。

公司是社會的縮影，在很多公司，年收入愈高的人愈早睡，年收入愈低的人愈晚睡。

40 愈早回家的人，愈能抓住機會

有些人會在公司待到很晚，「加班給人看」，展現出「我很努力」的樣子。

晚回家的人，能夠充實自己的時間就少了。

愈早回家的人，愈有時間去學東西、充實自己。

愈晚回家的人，愈常去喝酒。

晚回家的人是「加班給人看」的集團，早回家的人是「充實自我」的集團。

公司裡，同時有「早回家集團」和「晚回家集團」。

能夠充實自我的是「早回家集團」。

讓你的工作速度變快

40

不要刻意加班，早點回家。

想要抓住機會，加入「早回家集團」就對了。

很多人之所以不早點下班回家，是因為擔心回家之後，會不會錯失什麼大好機會。

請務必理解一點：早點回家，根本不會錯失什麼大好機會。

在公司待到很晚的人，能夠遇到的對象，往往都不是真正能夠帶來機會的人，而是尋求機會的人。

想要抓住機會，必須在更早的階段決勝負。

41 跟一流的人學習，可以節省時間

學習事物，也有時間感的差異。

學東西，很花時間。

有人說：「我想學社交舞，但我完全沒有基礎。一開始就跟一流的老師學，怕給老師添麻煩。所以，我想先跟二流的老師學，等打好基礎之後，再跟一流的老師學。」

那個人的社交舞要學得好，會很花時間。

因為一流和二流的基礎等級，完全不同。

先跟二流的老師學，學了個大概之後，再跟一流的老師學，結果可能還是必須把之前學的東西丟掉，從頭開始學起。

要把之前學的東西忘掉，從頭來過，老師必須花比較多的時間教。要讓學生把之前學的東西忘掉，不會比從頭教輕鬆，很多時候反而比較困難。

尤其是初學者，很容易受到一開始學到的東西影響。

這種人容易被零基礎，但一開始就跟著一流老師學的人追過去。

愈是初學者，愈應該跟一流老師學習。

這是學習事物的基本原則。

「忘掉之前學的東西」，比「從零開始學」還要花時間。

如果一開始就跟著一流老師學習，就不會白費時間和金錢。

想要跟著一流老師學習，當然要花比較多錢。

但是，花一堆錢學習二流習慣，在這段期間，完全無法從一流老師身上學習一流的良好基礎，才是真正浪費錢。

跟一流老師學習，可能必須付比較多的學費，這不只是因為老師的水準高而已。

從長遠的角度來看，打好基礎，其實可以節省很多時間。

你不只花錢跟老師學東西，還為自己節省了不少寶貴的時間。

讓你的工作速度變快

41

向一流的人學習。

42 與其努力獲得他人認同，不如把時間拿來充實自己

現在是渴望獲得認同的時代。

表面上或許不說，但心裡都希望「讚美我，讚美我」。

現在還有名叫「讚美會」的聚會，我認為參加這種聚會，根本是在浪費時間。

既然有時間去給人讚美，不如把那個時間拿來充實自己。

讚美，多少能夠讓人獲得滿足。

除此之外，不會因此進步，也得不到任何新的資訊。

「被人洗臉」，反倒有意義多了。

學習事物時，有些人會請老師「多加讚美」。

但是，要弄清楚，我們到底是為了獲得讚美而來，還是為了成長而來？

商務講座一堂課是三個小時。

如果講座是針對小學生程度的人，上課時，我就會一直讚美學員。這種教法，講師也樂得輕鬆，一直說好話就可以了。

但是，身為專業的指導員，為了幫助學員向上提升，我會盡全力地「洗學員的臉」，指出需要改善的地方。

當我說：「那我把課程改成針對小學生的內容好了！」

有些學員會哭著追到廁所說：「請您維持原定程度，針對大人為主。」

想被人誇獎的話，課後去喝一杯就好了。

在有限的學習時間裡，讚美是在浪費時間。

讚美學不到太多東西，也不知道自己哪裡需要改善。
讚美的瞬間，對方不再是學生，也不是徒弟，而是成為客戶。

讓你的工作速度變快

42

把尋求他人認同的時間，用在學習上。

43

我們經常沒發現自己成長的瞬間

自我訓練時，必須對日常生活的「站、走、坐」有所意識。

留意日常中無意識的行為，能讓各方面獲得改善。

學跳舞也好，學茶道也好，核心訓練也是。

日常中的無意識行為，很難說明清楚。

就跟很難說明清楚如何騎腳踏車是一樣的。

當我們試著拆解一直以來的做法時，很容易會一時間變得不知道該怎麼做。

但是，不經過這個歷程，便無法更上一層樓。

「我都是怎麼站，怎麼走路的啊？」

「奇怪？我之前都是怎麼走路的啊？」

經過一段混亂期之後，突然又「會了」。

我們往往感覺不到那個「會了」的瞬間。

老師說：「你已經會了喔。」

「咦？我什麼時候會的啊？」

「你在很久之前就會了喔。」

別人說，你才發現到，但自己可能沒有「我會了！」的感覺。

這就是「成長」。

成長的瞬間不像拉彩球，很多時候是在不知不覺中就會了。

當老師說：「其實，你不久前就會了喔。」

我們可能心想：「老師那個時候，為什麼不跟我說？」

那是因為說了之後，反而會在意自己做得好不好，最後容易做不好。

就算老師問：「你覺得，你跟之前有什麼不一樣？」

你可能也想不起來自己之前到底是怎麼做的。

多數時候，我們無法精準重現過去。

會了，就是會了。

思考「我之前是這樣做的，現在是這樣做」，很容易退回原來的樣子。

一旦跨過那道牆之後，之前是怎麼做的，就想不起來了。

這就是「進步」。

這跟女生談戀愛很像。

男生一直忘不了已經分手的前女友。

無論是甩人的，還是被甩的，都忘不了前女友。

但女生卻不會記得。

男生心想：「我傷害了她」，但女生卻覺得：「嗯？你是哪位？」

這就是「往前看」跟「往後看」的差異。

讓你的工作速度變快

43

做事要有意識。

44

能力持續提升，讚美會變少

人的欲望分為兩種：

①想要獲得讚美。

②想要成長。

工作速度慢的人，總是以獲得讚美為優先。

如果是小朋友，身邊的大人的確會一直給予讚美。

但是，長大之後，就不是如此了。

在不同階段，會有不同程度的要求。

愈是往上成長，獲得讚美的機率就愈低。

當層次愈來愈高，一般人愈是難以區分「好」在哪裡。

就像茶具一樣，我們很難區分哪個是國寶，哪個是百元商店的東西。

愈是往上成長，得到「好棒」的讚美次數就愈少。

運動員在嶄露頭角之際，最受矚目。

愈往上到另一個層次，便逐漸失去鎂光燈。

就連披頭四也是，當他們往上達到更高的層次時，失去了不少粉絲。

這種情況實在令人心情複雜。

純粹想要賺錢，最好不要讓自己提升到太高的層次，這是最關鍵的地方。

如何調適，要自己找出平衡點。

當你逐漸無法得到周遭的理解時，不妨思考：「我是不是把程度拉得太高了？」

尋找妥協點，也是相當重要的。

從他人讚美獲得的自信馬上就會消失，也不可能每次都獲得讚美。

當你的自信源於他人的讚美時，很容易就會覺得「為什麼我今天沒有獲得讚美呢？是不是表現得不好？」

那樣的自信不是你的，是別人給的。

比起建立在他人身上的自信——「我這裡沒做好，必須這樣做，再加把勁！」

能夠自我肯定的人，進步速度比較快。

沒有獲得讚美就沒有自信的自信，是被動的自信。

讚美容易使人脆弱。

讓你的工作速度變快

44

不必刻意尋求別人的讚美。

45

提供超出對方程度的點子，沒有意義

如果對方的程度中等，提出超過對方程度的點子，對方也無法理解，對彼此來說沒有意義。

配合對方的程度，提出中等程度的點子，對雙方來說才是雙贏。

「但是，我覺得這個點子比較好耶！」

這樣的想法，只是一種自我滿足。

提出對對方有意義的點子比較重要。

「B比A好喔！」

提出對方無法理解的點子，只是徒增對方與自己的痛苦，把自己的想法強加於人罷了。

「嗯嗯，這樣啊。對方無法理解」，如果能夠抱持這樣的想法，就可以輕易放下。

這個時候，就跟對方說：「你的想法比較好」，然後把點子收回來。「你想得比較周到，這件事果然應該還是要這麼做。」

如果可以像這樣彈性應對，事情談起來就快。

喜歡按部就班、偏向保守的人，不喜歡太冒險的點子。

我的師傅傳授了這個道理給我。

保守型的人，就給他保守、安全一點的提案。

挑戰性高的點子，推薦給喜歡挑戰的人就好。

讓你的工作速度變快

45

處事要配合對方的程度。

46

太閒，是找不到興趣的

「我太忙了！找不到適合自己的興趣。」

說這種話的人，實在是太對不起世間的各種興趣了。

興趣和嗜好，是再忙也會空出時間去做的事。

快速完成必須做的事，擠出時間去做自己喜歡的事。

「下次有空再聚聚吧！」

這樣說，一點也不會讓人感到開心。

即便非常忙碌，只有一個小時的空檔，也不辭辛勞前來見面，

這種熱情比較讓人開心。

「我現在有空，來聚一下吧。」

讓你的工作速度變快

46 忙歸忙，也要留點時間給喜歡的事物。

說實在話，我們不會想跟說這種話的人見面。

「我工作太忙了，實在沒時間培養興趣。」

說這種話的人太閒，還不夠忙碌。

喜歡的事物，經常會在忙碌的時刻出現。

有時你會想：「在這種火燒屁股、忙得要命的時候，怎麼會出現這麼好的東西？」

通常，在這種時候出現的，都是你喜歡的事物。

工作再忙，也要打電動到半夜的人，是電玩愛好者。

喜歡的事物互相爭奪冠軍，工作和嗜好彼此的層次又會往上提升。

不喜歡的事物彼此爭鬥，是最糟糕的狀態。

47

不去喝一杯，是因為不想浪費時間

有人問我：「中谷先生，為什麼不去喝一杯呢？」

因為我不想浪費時間。

既然有時間去喝酒，不如把時間花在工作或充實自己，讓自己成長。

純粹飲酒作樂的場子，遇不到貴人，因為對方喝醉了。

一流的人，與人見面時，是不會喝醉的。

因為喝醉了，話就說不清楚了。

重複說著同樣的話，「今後一定要一起合作。」

相談甚歡，拍板定案，但是坐上計程車後就忘光了，完全是在浪費時間。

我去聚餐應酬時，心裡常常會想：「啊，好想回家呀，把時間拿來看點書。」

「都兩個小時了，可以看一部電影了！」

總是覺得時間過得很慢。

可以看一部好電影的時間，對人生來說很寶貴。

我的基準是一本書或一部電影。

聚會時，我會這樣比較：「跟這個人相處，會比看一本書或一部電影還愉快嗎？」

如果沒有達到我的標準，我就會覺得「有點無聊」。

我希望時時刻刻都過得充實、愉快。

電影和書，讓我很充實、愉快。
跟喜歡的人相處，也是同樣的道理。
喜歡這個人，但是相處起來未必充實、愉快。
如果對方講話無趣，我就會感到失望。
「雖然我很喜歡他，但是他講話好無聊。」
有些電影和書很有趣，有些很無聊，其中不乏斥資數十億元的電影。
當我不得不去應酬時，我就會轉換想法：「把適用的情況寫在書裡。」
像《半澤直樹》的原作者池井戶潤那樣，思考解決對策：「如果我被指派管理這間店，為了重用在這裡工作的一百五十位女性，我必須從中選定一位擔任主管，改善經營方針。」

讓你的工作速度變快

47

聰明善用時間。

跟店裡的女性們聊天，「原來如此，真有趣耶！」

把無聊的應酬，轉換成有意義的取材。

隨時思考如何有效利用時間，動作就快。

48

講話隻字片語的人，動作慢

聊天時，會顯露出那個人的特質。

講話隻字片語的人，動作慢。

隻字片語只有名詞。

只有名詞、沒有動詞的句子，是不成句的話語。

就跟小朋友說：「老師，尿尿」，是一樣的。

工作速度快的人，講話一定有動詞，會把完整句子說完。

動詞有動作、速度感，外國人講話速度快，就是因為以動詞為中心。

日本人講話容易以名詞為中心。

學英文的時候，也喜歡從名詞開始記起。

以動詞為主，講話句子結構完整的人，節奏就快。

比方說，你問朋友：「你想做什麼？」

對方回答：「電影。」

只有「電影」兩個字，根本不知道接下來應該怎麼做。

針對「電影」講清楚想怎麼做，大腦就動起來了。

只有隻字片語，大腦無法針對「電影」做出指示。

想讓大腦做出指示，講話時就必須加上動詞，把句子完整說完。

不受歡迎的人，有不少講話都隻字片語不成句。

跟蹤狂尾隨在後，突然說出「電影」兩個字，只會令人害怕、不舒服。

外行人寫的文章也是一樣。

很多網路文章都充滿空洞的文字。

空洞的文字，讓人停止思考。
文章寫得有邏輯性，自然就會開始下一階段的思考。

邀請別人時，只說「電影」兩個字，可能會被拒絕：「不好意思，我最近很忙。」

工作速度快的人，講話句子完整、意思清楚，會直接說：「我想和你一起去看電影。」

讓你的工作速度變快

48

講話句子完整、意思清楚。

49

「久仰大名，我一直很想認識您」，說這話表示沒能妥善把握機會

初次見面時，有些人會說：「我一直都很想認識您。」

但是，「今天我剛好找到你們的網站，很好奇中谷塾是在做什麼的，所以就來打擾了。」

說這種話的人，反而令人印象深刻。

這就是速度的差異。

與其說「一直很想來看看」，不如馬上行動。

「我很緊張，所以一直沒來拜訪」，聽了這番話，並不會比較開心。

真正讓人高興的，是克服緊張，前來拜訪的行動。

有位企業經營者來聽我的演講。

演講結束後，他來找我交換名片。

他問我：「中谷先生，請問您是做哪一行的？」

那個人聽完之後相當感動。

我回答：「我是作家」，他嚇了一跳。

「您是作家？作家的口才這麼好？」

演講會場剛好在賣我的書，那個人買了之後折回找我：「請幫我簽名。」

那個人從來沒有聽說過我，但那次的相會，可能給了他什麼啟示吧。

有些人會跟我說：「我一直很想做那件事，但是找不到合適的時機。」

我總是覺得，那件事真有那麼困難嗎？
拖拖拉拉的，只是在浪費時間而已。

讓你的工作速度變快

49

展現你的行動力，要說：「我今天早上看到，所以來了。」

50

壞習慣會剝奪你的時間

沉迷於手機和影片不好的原因很簡單，因為那會剝奪你很多時間。

沉迷於網路，讓人感覺不到時間的流逝，就跟吸毒一樣。

吸毒讓人失去時間知覺，一百公尺的距離，必須走上八個小時。被奪走那麼多的時間，卻一點感覺也沒有。

平常如果要花八個小時走一百公尺的距離，恐怕會覺得痛苦至極。

但是，吸毒的人會說：「沒什麼，一百公尺差不多就是要走八個小時。」

他不記得那八個小時是怎麼過的，恐怕連真正開心的感覺也沒有。

剝奪時間的習慣，是最糟糕的。

本人成癮卻不自知，而且還莫名覺得好像很開心。

真正愉快的時光，時間過得很快，但是那段時光回想起來，卻是精彩豐富。

和情人在一起的美好時光，總是過得特別快。

回想起來，彷彿是好久以前的事了。

時間被剝奪的快樂瞬間，回想起來，卻是「奇怪？我都做了些什麼？」

一點東西也沒留下，時間就那樣不見了。

回想過去，能夠想起多少東西，代表使用那段時間的豐富性。

投入再多時間，如果未能善用，也沒有意義。

人生不是只要速度快就好，還要把時間善用在有意義的事物上。
這對擺脫「動作慢」這個中毒症狀很重要。

讓你的工作速度變快

50

改掉浪費時間的壞習慣。

第五章

動作快的人，
懂得運用時間

51

動作快的人，能夠有效利用時間

有錢人，愈來愈有錢。

受歡迎的人，愈來愈受歡迎。

事業有成的人，能夠得到的機會愈多。

這是個大原則。

擁有愈多金錢、機會和人脈的人，愈懂得利用這些資源，所以資源愈來愈豐富。

時間也是一樣。

愈懂得有效善用時間的人，會有時間。

會說「沒時間」的人，很多其實不會利用時間。

讓你的工作速度變快

51 別再拖拖拉拉找理由，做就對了。

動作慢的人，就連點餐速度也慢，常常抓不住時間，所以時間總是不夠用。

「所有人一天都只有二十四個小時」，其實並非如此。

動作快的人，二十四個小時可能會變成四十八個小時，甚至是七十二個小時，因為效率高，懂得掌握節奏，能夠善用時間。

覺得「一天有二十四個小時」便浪費時間的人，時間只會愈來愈少。

52

不是工作多，而是工作慢

「工作太多了！因為人手不足，忙不過來，常常加班。上司又一直丟工作過來，我該怎麼辦才好？」

常常有人跟我商量這樣的煩惱。

很多時候，原因出在工作速度慢，不是工作量太多。

這種煩惱，放著不管，就可以解決了。

因為當別人覺得「這傢伙的動作真慢！」，之後就不會再委託工作過來了。

所以，只要繼續抱怨「工作太多、太多了」，就可以了。

「拜託這傢伙做事，總愛抱怨：『很急嗎？』，感覺很不開心，之後不會再拜託他了。」

只要變成這樣，工作自然就會減少了。

不過，像這樣的人，就算工作真的變少了，還是會覺得很多，因為他們不會提升自己的工作速度。

所以，就算工作量真的減少了，還是一樣感到痛苦。

像這樣工作量減少卻依舊痛苦的狀態持續下去，最後就會失去工作。

這樣的人生，真的幸福嗎？

工作多的時候，提升自己的工作速度，便能讓自己擁有選擇工作的能力。

當大家都覺得「那個人的工作速度快，想要請他幫忙」時，不知不覺中，你就成為有選擇權的那一方。

當工作愈來愈少時，你就失去選擇權。

所以，就算工作多，也不要怪罪周遭，抱怨東抱怨西的。

工作速度愈快，擁有的自主權愈多。

到了某個時間點，主導權就會對調。

不要再抱怨「工作太多、太多了」，發揮實幹精神，提升工作速度就對了。

有些人會問：「工作速度變快了以後，工作會不會愈來愈多，沒完沒了啊？」

請別擔心。

當你的工作速度快，在大量處理工作的過程中，品質就會有所提升。

結果就是，「這件工作一定要請這個人幫忙」，最後不會再有人隨便丟無聊的工作過來。

「這件事一定要在期限內完成，拜託你了！」

會找上門的，都是重要的工作，這就是良性循環。

重點是：你相不相信這個良性循環的存在。

只要嚐過「工作速度提升了以後，最近委託的工作品質也提升了」的滋味，就會決定「好！我要讓工作速度更快。」

不曾體驗過這種成功經驗的人，只會覺得「這樣下去，我一輩子就只能打雜了吧。」

職場上，一定會有前輩在。

好工作全都先到前輩身上。

但前輩也會有身體不適或需要幫忙的時候。

這個時候，「這個可以請你幫忙嗎？」

機會就到後輩身上了。

主管很討人厭，當他被降職時，緊急的工作就會由部屬執行。

假設有工作速度快的A，和工作速度慢的B。

好工作都在主管前輩的身上，A和B只能做比較麻煩的爛工作。

但主管前輩太操勞，結果弄壞身體了，開始無法勝任工作時，

工作速度快的A就抓住了機會。

工作速度慢的B，則是因為平日表現讓機會溜走了。

「因為你其他工作還沒做完啊。」

「拜託那傢伙，他也沒辦法在期限內做完。」

這類評價帶來很大的傷害。

當別人覺得你「能夠遵守期限」，無論是好工作還是沒那麼好

的工作，都會找上門。

但是，當別人對你的評價是「那個人做不到」時，好工作就不會優先找上門。

讓你的工作速度變快

52

加快工作速度，提升品質，創造主導權。

53

害怕變化，很容易瞎耗時間

害怕變化的人，很容易把時間當作敵人。

時間會帶來變化或加速變化，所以害怕變化的人，會希望時間可以停止。

「雖然過去都是這麼做的，但是改成這樣吧！」

「什麼？這麼突然，我做不到。」

討厭這種變化的人，無法隨機應變。

「因為這樣做比較好啊，所以改成這樣。」

「客戶有客戶的需求，所以改成這樣。」

面對緊急突發狀況，卻不知道如何因應變化。

但是，想要找到更好的方法，就必須時常因應變化。

工作速度快的人，可以在有限的時間內做出改變——「好！那我們就改變做法吧。」

變化，讓旅行充滿了樂趣。

變化，也能夠提升工作品質。

拍攝廣告時，按照腳本的分鏡表拍攝最簡單，但是做出來的成品一如預期，不過是把腦中所想拍出來而已。

拍攝現場聚集了各方專家，如果發現「這樣做比較有趣」時，馬上就會切換到新的做法。

第一次，先按照腳本拍攝。

第二次之後，思考其他更有趣的拍法。

廣告的製作方式就是，把按照腳本拍攝的版本，和比較有趣的版本同時拿給客戶看，然後向客戶提案：「這個應該比較有趣吧。」

讓你的工作速度變快

53

保持彈性，不要害怕變化。

如果害怕變化，就無法超越既定腳本，變成無論由誰來做都一樣。**變化有趣的地方就在，雖然過程有點曲折，但是做出來的東西比預期的還要有趣。**

不喜歡變化的人，因為「我們去吃○○吧！」，來到某間餐廳。就算餐廳那天推出了限定菜單，討厭變化的人也會說：「我今天來是為了吃○○，所以不用了。」

如果去餐廳的路上，發現了一間新的店，你問他：「這間店感覺很不錯耶！要不要進去看看？」

他也會回說：「不要，我們去原本那間就好。」

不懂得彈性應對，往往會進一步拖慢速度。

54 遲遲做不了決定的人，下次沒人約

「誰要生啤酒，誰要烏龍茶？」

主責人在統整點餐資訊時，總是有人會遲遲做不了決定。

這種人，很可能下次就不會約他了。

一個人去吃飯，慢慢想很久也沒關係。

但是，十個人一起去吃飯，為什麼要像思考人生大事般，苦思許久要點什麼呢？

浪費了大家難得聚在一起聊天的時間。

這種人最後一定說：「還是烏龍茶好了。」

而且，這種點個餐要想老半天的人，大多不記得自己點了什麼。

讓你的工作速度變快

54

合群，就要快速下決定。

明明是點烏龍茶，卻喝了生啤酒，害別人喝不到自己點的生啤酒。

工作速度快的人，在別人說「我要烏龍茶」的時候，就會跟著說「我也是」，馬上回應。

工作速度慢的人，點餐時會到處問人：「你想點什麼？」

這樣的行為很不應該，既然有時間問人，不如趕快做決定。

這種人看似在乎周遭的想法，但是從結果來看，他們不是主動的，而是被動的。

連自己要吃什麼，都做不了決定。

55

遲到最可怕的地方，就是察覺不到真正的損失

「那個人經常遲到，卻不知道自己遲到耶！」

慣性遲到，會失去信用。

坐船出遊時，只要有人遲到沒搭上船，大家就會在意那個沒搭上船的人，無法盡情享受。

看電影也是，只要有人開演前才到，大家就會因為等他，看不到預告片了。

有些人總愛遲到。

愛遲到的人，久了大家就會漸漸不再約他了。

讓你的工作速度變快

55

察覺遲到帶來的損失。

愛遲到的人，朋友漸漸不約了，本人卻毫無自覺，這是非常大的損失。

朋友可能會因為我遲到而不再約我，自己必須對此有所自覺。

不妨回想一下，每次到了約定的地方後，大家是不是就說：「好，我們出發吧。」

關鍵在於，能不能察覺到這種小細節。

小時候，只要遲到了，父母和老師就會提醒我們：「要早點到。」

出社會之後，沒什麼人會提醒我們遲到。

結果，邀約愈來愈少了，最後成了沒人喜歡約的人。

56 等人，反而會讓遲到的人繼續晚到

總是姍姍來遲的人，不要等他。

如果他覺得「反正大家會等我」，就會繼續遲到。

等人，會讓遲到的人，變得經常遲到。

豪華郵輪一定準時出發，遲到的人要自己負責。

不會問：「○○○在嗎？」

就算那個人還沒出現，時間一到就是出發。

日本電車發車時，會發出鈴聲，廣播「列車即將出發」，提醒乘客。

那樣其實很不好。

在國外，發車時沒有任何提醒，就直接出發。

去國外旅行時會被嚇到，心想：「差不多是發車時間，怎麼沒聽到廣播呢？」，列車就出發了。

日本新幹線很體貼乘客，發車時會廣播提醒：「列車即將出發，請送行的人退到安全柵欄後方。」

在日本旅遊和在國外旅遊，旅客的緊張感完全不同。

體貼對方，包容遲到的行為，只會讓那個人遲到的狀況愈來愈嚴重。

那是拖慢團隊整體速度的原因。

國外大學的課堂上，老師會比學生早到。

日本也是，在明星高中，上課前老師會在教室走廊上等待。

我在消防大學校的課，大家很早就進教室了。

一點的課，我大概十二點五十五分就會開始上課。

讓你的工作速度變快

56

遲到的人，就放心不要等他吧。

因為大家已經進教室坐定位了，不開始上課，就太浪費時間了。畢竟，大家的工作都很忙。

早點開始，早點結束，大家就可以早點下課去吃晚餐。

57

拍紀念照的時候，說「笑一個」比「請大家集合」效率更快

拍團體紀念照的時候，通常會發生兩種情況。

①大家馬上集合完畢。

②眾人拖拖拉拉的，遲遲不集合。

兩者的差異非常大。

如果主辦人說：「請大家趕快集合」，永遠都會發生拖拖拉拉的情況。

因為說：「請大家趕快集合」，大家就會輕忽，心想：「還有很多人沒有過去，等一下再過去沒有關係。」

成長中的領先團隊，馬上就會集合完畢。

拖拖拉拉的集團，是無法成為領先團隊的。

如果發現有人拖拖拉拉的，只要說「笑一個」，他就會以為「啊？要拍照了！」，急忙趕過來。

講座的中場休息，很多人都不會準時回到座位上。

如果主辦單位說：「有些人還在廁所，我們等大家到齊了再開始」，一定會有人遲遲不回座。

這個時候，直接開始就對了。

只要開始，大家就會回到座位上。

簡單一句話就能知道，聚集在此的人會往上成長，還是逐漸退步。

讓你的工作速度變快

57

不要繼續等待，直接開始。

58

付錢速度的快慢，決定別人是否願意接受你的無理請求

豪華郵輪很多都是「一價全包」，費用包含了船上所有的餐飲和玩樂項目。

出去玩，最討厭的就是在意各項花費。

「休閒椅租一張要五百元？太貴了！兩個人租一張來用吧。」

「冰塊要一百元？這種東西平常是免費的耶。」

計較花費，讓人回到現實，度假感全消。

只要先付錢，一次付完，就可以暫時忘掉錢的事。

如果是事後支付，心裡就會想著：「〇號前，必須支付這筆費

用」，很難真正玩得盡興。

工作速度快的人，付錢的速度也快。

付錢速度快的人，比較討喜。

送出請款單馬上就付款的人，即便提出了有點不合理的請求，也願意配合。

「付款不大方，可以拖就拖」，這種人如果提出了不合理的請求，基本上很不想配合。

付錢速度快慢的差異，決定了別人是否願意接受你的無理請求。

沒有現金，是非常嚴重的問題，上班族可能無法理解。

上市公司有很多現金，收款慢了點也沒關係。

但是，對個人經營的小本生意來說，客人是否馬上付款，可以決定存活。

若你真的必須取消餐廳訂位，早一點聯絡餐廳，餐廳會很感謝你。

七點的訂位，如果六點半才取消，那個座位在該時段的營業額很可能就是零，因為你取消預約，餐廳先前也拒絕其他客人的預定。

明白自己的行為會帶來什麼結果很重要。

讓你的工作速度變快

58

可以的話，加快付款速度。

59 讓資金快速流動，利息就會變少

假設貸款的月利率是三％，你借了一百萬元。

這一百萬元，借一個月的利息是三％，借兩個月的利息是六％。

如果在一個月內，用兩倍的速度償還，利息就是一．五％。

這就是所謂的「活用資金」，是經營者的思維。

受雇的上班族，常常會覺得借來的錢慢慢用，比較划算。

這種想法缺乏了計算利息的概念。

用兩倍的時間使用借來的錢，利息也會是兩倍。

如果沒有善用那筆錢，就會白費付出去的利息。

想要善用借來的錢，就要設法用比借貸期間還快的速度，迅速

讓你的工作速度變快

59

利息是用來買時間的。

周轉那筆錢，這就是聰明的金錢觀念。

有些人對錢很敏感，有些人對錢比較隨性。

「太早還錢的話，不是很虧嗎？」

會這麼說的人，只考慮到本金。

借錢，必須考慮到利息。

雇人和被雇的想法，有時天差地遠。

60

計程車司機喜歡載笑咪咪的客人

遲到時，很多人都說：「因為我怎麼都叫不到計程車。」叫不到計程車，有時並不是因為客人很多，而是因為那個人在等車時一臉焦躁。

計程車司機是載客專家，馬上就可以分辨出誰想搭車。計程車司機看過的客人，是客人搭過的計程車的不知道幾倍。**計程車司機喜歡載笑咪咪的客人。**

車子被後來的人先招走，或是在大熱天、大冷天，很容易讓人心浮氣躁的情況下，很少有客人能夠微笑。

很多計程車司機看到一臉焦躁的客人，就會把「空車」燈號關掉。

「明明沒有載客，為什麼我招手，他不停車？」
「車子開在內側車道，是要怎麼叫車？」
計程車司機就是在躲這種人。
總是笑著等計程車的人，比較快能夠搭上車。
就算是下雨天、最難叫得到車的時段，也比較能夠坐得上車。
焦躁的客人察覺不到這個真實狀況。
抱怨「今天怎麼也叫不到計程車」是錯的。
叫不到計程車，有時是因為你擺著一張臭臉的關係。

讓你的工作速度變快

60

微笑等待計程車。

61

有禮貌，讓你做起事來更快。被拒絕，有時是因為你的態度不好

大家都說，修理高級手錶的鐘錶店，客人愈有禮貌，修得愈快。

如果有人沒好氣地說：「這支手錶都沒人願意幫我修，你們這裡修嗎？」

店家若回：「這樣啊，看起來不好修耶」，有時未必真的確認了手錶的狀況。

對方的意思並不是「這支手錶沒辦法修」，而是「我不想幫你修」。

已經被其他店拒絕了，來到這裡的客人愈發焦躁。

此時，若說：「我有保證書，而且這支手錶很貴耶。為什麼不

能修？叫你們的主管出來。」

優先順序不但會被排到後面，甚至會被列入黑名單中。

當事人沒有察覺到，問題其實不在手錶上，而是在自己的惡劣態度上。

身為客人，沒辦法修理手錶，可以改善自己的態度。

如果不想吃悶虧，拜託別人時，就要客氣、有禮貌，面帶微笑。

「別間店不肯幫我」，其實就是在講別人的壞話，根本不需要那樣說，只是幫自己貼上「別間店不肯幫我」的標籤而已。

「別間店拒絕他了呀。這個客人會不會有什麼問題啊？」

若是讓別人這麼想，吃虧的會是自己。

讓你的工作速度變快

61

笑著拜託別人。

62

成長，就是加快更新速度

現在還在用舊款手機、老式電腦的人，令人擔心。

在資訊科技快速發展的時代，大家都知道前一兩代的東西會變得難用。

人只要跟著科技一起更新就可以了。

科技產品更新的速度愈來愈快，我們也必須加快更新自己的速度。

一流的人，更新速度超級快。

二流的人，更新速度很慢。

在醫療領域，過去醫師國考的解答，已經不適用於現在的情況。

醫學界每天都有新的論文和研究數據不斷產出。

讓你的工作速度變快

62

加快自我更新的速度。

醫療技術進步快速，有些甚至推翻了過去國家考試的正確答案。

知識停留在十年前的人，知識老舊的程度跟一百年前的一樣過時。

在商場上，也是一樣。

即便只有〇・一％的進度，有些人就是每天都在更新，不斷進步。

因為維持現狀是不可能的。

跟昨天一樣，等於是在退步。

結語

享受意想不到的樂趣

63

當不規則的彈跳球出現時，就是棒球內野手大展身手的時刻。

當球往出乎意料的方向飛，說時遲，那時快，內野手接住了球，接殺出局。

接殺從正面飛來的球，會算成捕手的功勞。

不規則的彈跳球，無論球是往左飛還是往右飛，內野手竭盡全力把球接殺出局，是我最喜歡的接殺場面。

工作，就像在接殺彈跳球，經常沒辦法預測。

工作上發生的種種問題，都是彈跳球。

球往別的地方飛，這不是問題，也不是什麼意外。

工作大致上可以分成可預測的普通球，和不可預測的彈跳球。

不規則的彈跳球是大展身手的時刻，做好心理準備，盡全力去接殺就對了。

練習捕接各種擊球時，球不可能都直直飛過來。

網球或桌球也是，大家都會盡量打到對手接不到的地方。

球很難接，卻接到了，大家就會鼓掌歡呼。

工作也是一樣。

有時是因為自己的失誤，給對方造成困擾。

那不是故意的，也不是什麼大問題。

如果平常都接得到彈跳球，偶爾不小心出錯，就可以跟對方說：「不好意思，這次表現不好。」

接彈跳球是對方展現身手的時刻，太擔心對方反而失禮，有辱對方的專業。

不規則的彈跳球，能夠創造出熱賣商品。

若事情只能按照計畫進行，是做不出熱賣商品的。

不規則的彈跳球，是孕育新品質的神之手。

當不規則的彈跳球來的時候，可能會發生什麼好事。

為了讓我們思考出好點子，神擊了一顆難以預測的彈跳球過來。

之後會怎麼發展，關鍵就在於信不信神。

如果不信神，就會抱怨不規則的彈跳球。

如果信神，就會覺得「拜拜真靈，神擊了一顆不規則的彈跳球過來」，創造出新的東西。

當不規則的彈跳球最後帶來了更好的結果，體驗過這種成功經驗的人會說：「來吧！彈跳球，看我這次怎麼接殺你」，愛上接彈跳球的滋味。

像是傑出的前內野手──長嶋茂雄總教練和落合博滿，都喜歡吊觀眾的胃口，演出美技接殺。

難以預測的彈跳球，會讓選手更想大展身手，使出美技接殺。

前世界高爾夫球王老虎．伍茲，從水障礙打出一記奇蹟的一桿進洞，大家會說：「真不愧是老虎．伍茲！」

如果比賽過程平平，最後贏了，大家會評道：「運氣真好！」

阻礙的出現，往往給人成為英雄的絕佳機會。

讓你的工作速度變快

63

享受意想不到的樂趣。

讓工作速度變快的63個方法

1 要求正確完美，不如先求快。

2 把多出來的時間，拿來投資自己。

3 別拿能力差異當作藉口。

4 同樣的事情，要比昨天更快完成。

5 不要自以為比別人優越。

6 餘裕很重要，做事動作要快。

7 交辦事項馬上記下來。

8 要懂得放下，往前走。

9 練習快速遞出名片。

10 放輕鬆，有助於增加肺活量。

11 用鼻子呼吸。

12 一開始就先全力衝刺，保留餘裕。

13 改變工作順序，試試看有沒有更快的方法。

14 不要害怕，加快犯錯速度。
15 全面改善。
16 果斷放棄，想想其他更有趣的點子。
17 追求便利，不如多下點工夫。
18 平時就累積資料庫，以備不時之需。
19 減少物品量。
20 大哭大笑也無妨，保有心理彈性。
21 知道找誰商量。
22 不要阻礙動線。
23 快點動手做。
24 現在，就做決定，別再拖延。
25 先設定截止期限。
26 想約人，就把時間定下來。

27 約時間要約幾點，不是幾號而已。
28 立刻答覆。
29 有時不用太客氣。
30 別人推薦的書，馬上就買起來。
31 很多時候，可以站著談事情，不一定要坐下來。
32 想提高收入，先提升速度。
33 與其贈禮，不如提問。
34 提升你的標準速度。
35 見識一下什麼是真正的動作快。
36 注意時間，重視自己和對方的生命。
37 一日之計在於前一晚。
38 把時鐘放在容易看見的地方。
39 早點睡。

40 不要刻意加班，早點回家。
41 向一流的人學習。
42 把尋求他人認同的時間，用在學習上。
43 做事要有意識。
44 不必刻意尋求別人的讚美。
45 處事要配合對方的程度。
46 忙歸忙，也要留點時間給喜歡的事物。
47 聰明善用時間。
48 講話句子完整、意思清楚。
49 展現你的行動力，要說：「我今天早上看到，所以來了。」
50 改掉浪費時間的壞習慣。
51 別再拖拖拉拉找理由，做就對了。
52 加快工作速度，提升品質，創造主導權。

53 保持彈性，不要害怕變化。
54 合群，就要快速下決定。
55 察覺遲到帶來的損失。
56 遲到的人，就放心不要等他吧。
57 不要繼續等待，直接開始。
58 可以的話，加快付款速度。
59 利息是用來買時間的。
60 微笑等待計程車。
61 笑著拜託別人。
62 加快自我更新的速度。
63 享受意想不到的樂趣。

Star 星出版 財經商管 Biz 012

工作速度快的人，都是怎麼做事的？

仕事が速い人が
無意識にしている工夫

作者 —— 中谷彰宏
譯者 —— 謝敏怡

總編輯 —— 邱慧菁
特約編輯 —— 吳依亭
校對 —— 李蓓蓓
封面設計 —— 陳俐君
內頁排版 —— 立全電腦印前排版有限公司

讀書共和國出版集團社長 —— 郭重興
發行人兼出版總監 —— 曾大福
出版 —— 星出版／遠足文化事業股份有限公司
發行 —— 遠足文化事業股份有限公司
231 新北市新店區民權路 108 之 4 號 8 樓
電話：886-2-2218-1417
傳真：886-2-8667-1065
email: service@bookrep.com.tw
郵撥帳號：19504465 遠足文化事業股份有限公司
客服專線 0800221029
法律顧問 —— 華洋國際專利商標事務所 蘇文生律師
製版廠 —— 中原造像股份有限公司
印刷廠 —— 中原造像股份有限公司
裝訂廠 —— 中原造像股份有限公司
登記證 —— 局版台業字第 2517 號

出版日期 —— 2021 年 01 月 06 日第一版第一次印行
定價 —— 新台幣 320 元
書號 —— 2BBZ0012
ISBN —— 978-986-98842-8-0

星出版讀者服務信箱 —— starpublishing@bookrep.com.tw
讀書共和國網路書店 —— www.bookrep.com.tw
讀書共和國客服信箱 —— service@bookrep.com.tw
歡迎團體訂購，另有優惠，請洽業務部：886-2-22181417 ext. 1132 或 1520

國家圖書館出版品預行編目（CIP）資料

工作速度快的人，都是怎麼做事的？／中谷彰宏著；謝敏怡 譯.
第一版. -- 新北市：星出版，遠足文化發行，2021.01
208 面；13x19 公分. --（財經商管；Biz 012）.
譯自：仕事が速い人が無意識にしている工夫

ISBN 978-986-98842-8-0（平裝）

1. 職場成功法 2. 工作效率

494.35　　109020629

新觀點
新思維
新眼界

Star
星出版